AF596849

D'UNE NÉPHRITE

LIÉE A L'APLASIE ARTÉRIELLE

IMPRIMERIE ET LITHOGRAPHIE DODIVERS, BESANÇON.

D'UNE NÉPHRITE

LIÉE A L'APLASIE ARTÉRIELLE

PAR

LE Dr JULIEN BESANÇON

Ancien interne des hôpitaux de Paris,
Membre de la Société anatomique,
Secrétaire de la Société clinique de Paris.

PARIS
G. STEINHEIL, ÉDITEUR
2, RUE CASIMIR DELAVIGNE, 2

1889.

D'UNE NÉPHRITE

LIÉE A L'APLASIE ARTÉRIELLE.

INTRODUCTION.

Des jeunes gens, d'apparence chlorotique, viennent à l'hôpital pour des maux de tête, des vomissements, une lassitude générale. La bouffissure légère des paupières, un œdème discret des membres inférieurs, la fréquence des mictions nocturnes, la décoloration et l'abondance des urines, leur faible densité, la constatation de l'albuminurie et d'un bruit de galop cardiaque, imposent l'idée d'une néphrite interstitielle. A l'autopsie, on trouve des reins granuleux et extrêmement contractés. On est frappé de l'étroitesse de l'aorte et des artères rénales. Les parois de ces vaisseaux remarquablement minces et délicates, sont modifiées par la stéatose. — Le cœur est hypertrophié.

Tel est le type anatomo-clinique que nous allons décrire, d'après nos observations, sous le titre : *cirrhose rénale liée à l'aplasie du système artériel*. La mode actuelle du parrainage, en terminologie médicale, exigerait que nous dénommions cette forme morbide « *la maladie de Lancereaux* », si la paralysie alcoolique ne méritait déjà cette désignation.

Ceci est un chapitre d'une histoire d'ensemble de l'aplasie artérielle, envisagée comme substratum anatomique de la chlorose vraie, la chlorose avec lésions. L'aplasie artérielle est comme la sclérose artérielle. Elle sert de trait d'union entre diverses altérations organiques, dont elle fait reconnaître la parenté originelle. Il y a une myocardite interstitielle, des ulcères ronds de l'estomac, une néphrite conjonctive, liés à l'angiosténose congénitale, comme il y a une sclérose du myocarde, des ulcères ronds de l'estomac, une cirrhose rénale liés à l'angiosténose acquise. C'est donc une simple détermination viscérale dont nous isolons ici la description.

L'étroitesse des artères, par les modifications de la pression et de l'irrigation sanguines qui en peuvent résulter, suffit-elle à créer une telle lésion des reins ? Peut-être, car la pathologie expérimentale nous montre les conséquences analogues des ligatures artérielles pratiquées sur le rein ; car, dans aucune de nos observations, nous n'avons relevé un antécédent positif d'intoxication ou d'infection qui permît de considérer la sclérose rénale comme le reliquat, à longue échéance, d'une néphrite diffuse subaiguë, restée ignorée, et simplement conditionnée par l'angustie artérielle ; car l'investigation histologique ne nous a jamais rien fait voir qui indiquât autre chose que l'évolution lente et froide d'une sclérose interstitielle.

Toutefois nous croyons que, bien plus souvent, l'aplasie artérielle n'agit qu'à titre de cause prédisposante, en infériorisant le rein, — cet organe essentiellement artériel, — vis-à-vis des agents toxiques ou infectieux, c'est-à-dire en créant à son niveau un lieu de moindre résistance. Nous avons recueilli quelques documents qui mettent en évidence l'efficacité de cette prédisposition. Nous n'avons pas à les utiliser ici, et, réservant toute question de pathogénie, nous allons nous limiter à l'exposé de faits positifs, anatomiques et cliniques. Le présent travail a pour but unique de démontrer — à côté de la cirrhose vasculaire des artério-scléreux, à côté de la cirrhose glandulaire des saturnins — l'existence d'une troisième néphrite interstitielle primitive.

HISTORIQUE.

« On remarque, dit Lancereaux (1), chez quelques malades, un rétrécissement congénital de l'aorte et du système artériel qui tout d'abord se traduit par des phénomènes de chlorose, et plus tard par une albuminurie avec néphrite scléreuse atrophique. »

Citer cette phrase du Dictionnaire Encyclopédique, c'est commencer et finir l'historique de la question.

Dans le même article, M. Lancereaux résume en un tableau quatre observations, que, malgré leur excessive brièveté, nous pourrons utilement rapprocher des nôtres. L'auteur émet en outre l'opinion que la lésion rénale paraît « se développer uniquement sous l'influence de la tension exagérée du sang dans le système artériel ».

C'est en vain qu'on chercherait dans un autre travail, la mention d'un rapport entre la sclérose des reins et l'étroitesse non acquise des artères.

Nous avons étendu, sans rien trouver, nos recherches bibliographiques. Dans aucune publication antérieure à l'article de M. Lancereaux, il n'est tenu compte de cette relation. Bien plus, on dirait que le passage que nous venons de reproduire ait complètement échappé à l'attention des auteurs contemporains qui ont écrit sur les affections rénales. Les monographies françaises et étrangères sont muettes à ce sujet. Disons pourtant que M. Gaucher, dans sa remarquable Thèse d'Agrégation sur la Pathogénie des Néphrites, a consacré, sur nos indications, un court cha-

(1) Lancereaux. — Art. Rein du *Dict. Encyclopédique des Sc. Méd.*, p. 216.

pitre à la néphrite par angustie, et l'a rangée, à côté des lésions consécutives à la ligature de l'artère rénale, dans la classe de ses « Néphrites par altération primitive des éléments anatomiques ».

A la vérité, quand Rayer parle de l'Atrophie des Reins, il s'exprime de la façon suivante : « Le rapport entre le volume des reins et celui de ses vaisseaux m'a paru très évident dans quelques cas... (1) » Mais il suffit de lire l'ensemble du chapitre pour se convaincre que Rayer fait allusion à de simples modalités anatomiques ; les petits reins qu'il décrit ont conservé leur structure normale. Plus loin, (page 466), il ajoute, dans un compte-rendu d'autopsie : « Le diamètre de l'artère rénale du côté droit était d'un tiers plus considérable que celui de l'artère rénale du côté gauche. Le rein droit pesait six onces et le rein gauche deux onces, de sorte que la différence entre les poids des deux reins était plus considérable encore que celle qu'on observait entre les calibres des deux artères aurait pu le faire supposer. » Mais il ne dit pas davantage que le tissu du rein fut altéré, et il est infiniment probable que Rayer s'est trouvé en présence d'anomalies ressortissant à la seule anatomie descriptive.

C'est un arrêt de développement du même genre, et non une sclérose atrophique que décrit Cruveilhier sous la dénomination d'Atrophie des Reins.

Virchow et Beneke, les deux seuls auteurs qui aient fourni des documents sérieux sur l'angustie primitive et généralisée des artères, sont muets sur la question des lésions rénales atrophiques (2).

---

(1) Rayer. — Tome III, p. 462.

(2) Le rein blanc et le rein amyloïde sont au contraire fréquemment indiqués par Beneke dans les autopsies des aplasiques tuberculeux. Dans un cas, (jeune homme de 16 ans affecté de tuberculose ganglionnaire et vertébrale), il note l'existence d'infarctus rénaux. (*Jahrbuch für Kinderheilkunde* IV, 1871).

Est-ce à dire que la rareté de cette forme spéciale de néphrite l'ait complètement soustraite à l'observation des médecins? Assurément non.

D'abord, la cirrhose rénale qui accompagne l'angustie artérielle n'est pas si peu fréquente, puisque pendant notre internat nous en avons recueilli personnellement trois cas avec autopsie. En second lieu, la littérature médicale est riche en observations qui, par plusieurs points, se rapprochent plus ou moins des nôtres. Seulement, il semble que l'attention de leurs auteurs se soit concentrée sur la lésion du rein, et que l'examen des vaisseaux ait été négligé. C'est ainsi que les Anglais, en particulier Gull et Sutton et Johnson, donnent quelques relations de néphrite interstitielle, terminée par la mort, chez des sujets jeunes. Plusieurs de leurs faits (l'observation VIII de Gull et Sutton notamment) mériteraient sans doute d'être utilisés pour notre description, si l'état des artères y était noté. L'observation de gastrite urémique de l'Atlas de Lancereaux, une observation de Barlow (1), un autre fait indiqué dans la thèse de M. Brault (2), rentrent peut-être aussi dans le même cadre. La condition anatomique des vaisseaux n'y étant pas indiquée, nous avons dû renoncer également à nous en servir, afin de n'être pas exposé à grouper des faits disparates. Nous ferons une exception pour une très belle observation de Bartels; le développement insuffisant du système artériel y est mentionné incidemment, mais en termes assez explicites.

---

(1) Barlow. Cirrhose du rein chez un enfant. *The Lancet*, 8 août 1874.

(2) Brault. Contribution à l'étude des Néphrites. *Th. Paris*, 1881, p. 40.

ANATOMIE PATHOLOGIQUE.

Nos examens ont porté sur des pièces provenant de quatre sujets :

Chez les deux premiers, observés à la Pitié en 1885 et 1886 (obs. I et II), le diagnostic clinique de la lésion rénale et de l'étroitesse artérielle avait été affirmé par M. Lancereaux, dont nous avions l'honneur d'être l'interne pendant ces deux années.

Un troisième fait (obs. III) concerne un jeune homme dont nous avons fait l'autopsie à l'Hôtel-Dieu en 1887. Instruit par les deux précédentes observations, nous avions pu également prévoir les résultats de l'investigation anatomique. Nous avons recueilli ce fait dans le service de notre excellent maître, M. le professeur Proust, suppléé à cette époque par M. le Dr Barié.

Enfin, M. Lancereaux a bien voulu nous confier des reins et une aorte, dont la description fait l'objet de notre observation IV. Ces dernières pièces venaient d'une malade décédée à l'hôpital de Notre-Dame de Bon-Secours, à Levallois.

REINS

LÉSIONS MACROSCOPIQUES.

La sclérose atrophique des reins, dans la forme que nous décrivons, atteint son degré extrême.

Plusieurs des reins que nous avons vus étaient rétractés aux dimensions d'une noix.

Le poids moyen d'un rein normal étant de 170 grammes, nous avons relevé les chiffres suivants :

	REIN DROIT.	REIN GAUCHE.
Obs. I......	80 grammes.	45 grammes.
Obs. II......	65 »	40 »
Obs. III.....	70 »	75 »
Obs. VIII....	59 »	61 »

Tantôt les deux glandes sont inégalement atrophiées, il y a asymétrie dans l'atrophie, comme c'est la règle dans la néphrite interstitielle vulgaire des artério-scléreux ; tantôt la diminution de volume est symétrique, comme dans la néphrite saturnine.

Chez un de nos sujets, l'atmosphère graisseuse du rein était un peu plus dense. Nous n'avons jamais noté de lipome périrénal véritable.

La capsule légèrement épaissie, se détache en entrainant avec elle de petits lambeaux du tissu sous-jacent. La surface de l'organe apparaît rugueuse, chagrinée comme du maroquin. Les granulations sont petites, plus uniformes et moins saillantes que dans la cirrhose vasculaire commune, et reproduisent le granité régulier de la cirrhose glandulaire due au plomb. Elles sont pâles, grisâtres, séparées par des sillons rosés. Il n'y a pas de veines dilatées ni de taches ecchymotiques à la surface du rein. La teinte générale de l'organe, dépouillé de sa capsule, est le gris. Il n'offre ni l'aspect, toujours marbré de rouge, du rein artériel vulgaire, ni la coloration orangée du rein saturnin.

Il faut se garder de schématiser à l'excès les types d'anatomie macroscopique. Nous croyons cependant qu'il est possible de donner de bons caractères différentiels entre la néphrite par angustie et les deux autres variétés de la cirrhose rénale primitive.

Les kystes superficiels, faisant saillie à la périphérie de

l'organe, sont rares et petits. Ils peuvent faire totalement défaut. On en rencontrera toujours alors à la coupe. Sur nos pièces, les kystes visibles à l'œil nu étaient peu nombreux, semblables à des vésicules miliaires, et leur volume ne dépassait pas celui d'un grain de chenevis.

Nous n'avons rencontré sur aucune de nos pièces, les formations adénomateuses que Sabourin a étudiées dans les reins des athéromateux, où elles sont toutefois très exceptionnelles.

La consistance de l'organe est manifestement accrue. Les reins sont fermes, indurés, élastiques.

Cette induration du parenchyme s'apprécie bien à la coupe.

Celle-ci montre un tissu décoloré : Sur deux reins, plus profondément altérés, le cortex et les pyramides ne se distinguaient plus, et le moignon rénal offrait une coloration uniforme. Cependant, sur la majorité des pièces, on voyait encore la séparation des deux substances.

La substance corticale est grisâtre, elle est réduite à une mince couche de 1, 2, 3 millimètres d'épaisseur.

Dans la même pièce, on remarque, suivant les points, des différences sensibles dans le degré de l'atrophie corticale. Le parenchyme cortical est gris sale, sans pointillé hémorrhagique.

A la limite des deux substances, vers la zone vasculaire, les kystes nous ont paru moins rares qu'à la périphérie.

Les colonnes de Bertin participent à l'atrophie de la substance sécrétante. Elles sont toutefois moins sclérosées que le cortex, bien que très réduites dans leurs dimensions.

Les pyramides présentent une teinte rose pâle. Elles étaient diminuées de hauteur et amincies sur toutes les pièces que nous avons examinées.

A ce propos, nous devons souligner une particularité anatomique qui a vivement excité notre intérêt. Dans le premier fait qu'il nous a été donné d'observer (obs. I, jeune homme de 20 ans), nous avons été surpris de trouver, avec des reins sclérosés à l'extrême, un élargissement très notable des uretères. Le calibre de ces conduits était amplifié au point d'admettre l'extrémité du petit doigt. Le bassinet était de dimensions ordinaires et le sommet des papilles à peine rétracté. Par contre, la vessie était large. L'urèthre était libre dans toute son étendue, et son diamètre normal. La muqueuse des voies urinaires était partout absolument intacte, et certes il n'existait aucun obstacle au cours de l'urine.

Nous avions regardé cette disposition comme peu explicable et tout à fait exceptionnelle. Or, dans chacune des autopsies que nous avons pratiquées ultérieurement, nous avons constaté une ampliation analogue des conduits excréteurs de l'urine. Dans notre observation II (jeune fille de 17 ans), les papilles avaient presque totalement disparu par suite de l'agrandissement des calices; le bassinet lui-même était légèrement dilaté ; en revanche, l'uretère était normal dans toute sa longueur. Dans notre troisième fait (jeune homme de 22 ans), même élargissement du bassinet, cette fois sans modification des pyramides et de l'uretère. Enfin, sur notre quatrième série de pièces (obs. IV), les papilles étaient effacées, comme au second degré de la néphrite conjonctive ascendante ; le bassinet était légèrement amplifié, les uretères et la vessie de dimensions normales.

Nous avons fait, notamment avec M. Lancereaux, de nombreuses autopsies de néphrites interstitielles primitives (cirrhose vasculaire commune, ou cirrhose glandulaire saturnine). Nous avons cherché ces modifications de l'appareil excréteur. Jamais nous n'avons rien vu de semblable.

A notre connaissance, Bartels est le seul auteur qui fasse allusion à des faits de ce genre. « L'atrophie primitive des reins, dit cet auteur (1), atteint les deux reins... Les pyramides se réduisent à un volume très petit, et, sur la coupe, grâce à la disparition de la substance intermédiaire, elles paraissent serrées les unes contre les autres. En même temps le bassinet est quelquefois dilaté, et forme une poche de dimensions assez vastes ; plus souvent cependant, et cela paraît être la règle, il est plus petit qu'à l'état normal. » Or, Bartels, qui confond toutes les néphrites interstitielles primitives dans une description commune, est celui d'entre les auteurs qui paraît avoir le plus souvent observé la sclérose rénale chez les jeunes sujets. Il est probable qu'il s'est trouvé en présence de quelques faits analogues aux nôtres. Aussi bien, il ne parle pas d'une ampliation des uretères.

Lécorché et Talamon, dans leur récent traité de l'Albuminurie et du Mal de Bright (page 365), affirment que les calices et le bassinet sont en général dilatés. Mais les faits qu'ils décrivent ont trait au petit rein rouge granuleux avec concrétions uratiques et pyélite chronique.

Comment expliquer cette particularité d'anatomie morbide? L'étude histologique nous fournira peut-être quelques éclaircissements à cet égard. -- Mais ce qu'il nous paraît malaisé de comprendre, c'est la limitation de l'ectasie à une portion seulement de l'appareil excréteur, tantôt aux calices, tantôt aux uretères seuls.

LÉSIONS MICROSCOPIQUES.

Nous avons varié nos procédés de préparation.

Les coupes, après séjour d'un petit fragment de rein pendant 24 heures dans l'acide osmique et passage dans

(1) BARTELS, p. 446.

l'alcool absolu, nous ont fourni des renseignements indispensables à acquérir sur les altérations des cellules et les exsudats intra-tubulaires.

Les colorations ordinaires au picro-carmin et à l'hématoxyline convenaient surtout à l'étude histologique et topographique de la sclérose. Elles nous ont donné les meilleurs résultats.

Sur les préparations obtenues par ces moyens, nous avions déjà été frappé de la richesse du tissu scléreux en fibres élastiques. Le procédé de Balzer (éosine et potasse) que nous avons appliqué à un grand nombre de coupes, nous a été fort utile pour apprécier le degré de la production élastique.

Ce dernier procédé, ainsi que l'a déjà indiqué M. Letulle (1), réussit merveilleusement dans la recherche de la dégénérescence amyloïde. — Nous n'avons donc pas eu à employer les solutions iodées, d'autant plus que toute une série de nos coupes a été traitée par le violet de méthylaniline au point de vue de la recherche des micro-organismes. Nous avons fait cette dernière investigation avec le plus grand soin, dans l'idée que la néphrite interstitielle que nous observions pourrait n'être qu'un reliquat d'une néphrite infectieuse ancienne, la localisation rénale ayant été conditionnée par l'étroitesse artérielle. Disons, une fois pour toutes, que ces recherches n'ont pas abouti. L'absence de parasites ne doit nullement faire conclure contre l'hypothèse d'une sclérose viscérale à longue échéance, consécutive à une fièvre.

Nous allons voir que l'histologie pure fournit de meilleurs arguments pour combattre cette supposition.

Les reins que nous avons coupés, au nombre de huit,

---

(1) Letulle. Note sur un procédé de coloration stable de la matière amyloïde au moyen de l'éosine et de la potasse caustique. (*Bull. Soc. Anat.* Janvier 1888).

étaient tous si profondément altérés qu'il était rigoureusement impossible d'orienter les coupes labyrinthiques de manière à mettre en évidence la systématisation précise de la sclérose en rapport avec les éléments constitutifs d'un lobule rénal complet. C'est en vain qu'on rechercherait sur nos préparations d'ensemble s'il existe un îlot central correspondant à la pyramide de Ferrein et circonscrit par une série d'îlots glomérulaires. Le labyrinthe est effondré ; la texture normale du rein est méconnaissable, du moins au niveau de la substance corticale qui est étouffée par un tissu de cicatrice ménageant à peine çà et là quelques débris fonctionnels. Nous sommes donc conduit à examiner séparément ce qui reste des diverses parties du rein, pour discuter ensuite le point de départ de la lésion. Aussi bien, nos différentes pièces nous ont fourni des préparations si exactement comparables qu'une description histologique commune leur est applicable.

L'épaississement de la capsule, facile à apprécier sur une coupe colorée au picro-carmin est assez modéré. Le tissu conjonctif qui enveloppe le cortex contraste par sa finesse avec le tissu de sclérose qui a pris la place du labyrinthe. Au-dessous de la capsule, on aperçoit les vestiges de quelques tubes, un petit nombre de vaisseaux fibrosés, et, au voisinage de ces derniers, mais pas sur toutes nos coupes, quelques faisceaux de fibres musculaires lisses. Nous reviendrons plus loin sur la signification de ces derniers éléments, dont la présence en ce point peut paraître insolite.

Le tissu fibreux qui forme le fond de la préparation se montre partout avec le même caractère de faisceaux conjonctifs adultes, tapissés de rares cellules plates (Fig. II).

Nulle part il n'existe d'infiltration embryonnaire, et encore moins d'amas de cellules rondes indiquant une diapédèse ou une poussée inflammatoire récente. Nous avons vainement cherché des traces de périglomérulite.

Les *glomerules* ont subi des altérations profondes. Beaucoup d'entre eux ont disparu, et nous possédons des coupes entières où l'on en découvre à peine quelques vestiges. La plupart ont subi la transformation fibreuse, à des degrés divers. Les uns, tout près de disparaître, ne se distinguent plus au milieu du tissu de la sclérose, que par quelques noyaux et un vague contour. (Fig. 1). D'autres sont devenus réfringents, et se colorent en jaune par le picro-carmin, au lieu de prendre la teinte rose vif des glomérules sains (Fig. 1). Un assez grand nombre ont été épargnés, quelques-uns même sont positivement hypertrophiés, en raison sans doute de la suppléance fonctionnelle à laquelle ils s'étaient adaptés. Sur ces glomérules, on reconnait les anses vasculaires et les noyaux du vernis protoplasmique.

Point important à signaler, le revêtement cellulaire de la capsule de Bowman ne présente jamais la trace d'une multiplication. Nulle part nous n'avons vu d'agglomérats cellulaires interposés entre la capsule et les anses malpighiennes.

Il suffit de jeter un coup d'œil sur les figures annexées à ce travail, pour s'assurer de la prédominance des lésions scléreuses autour de l'appareil vasculaire, glomérules et vaisseaux. Sur toutes nos coupes, la distribution du tissu de sclérose est nettement subordonnée à l'emplacement des glomérules et à la direction des artérioles. Comme la néphrite interstitielle commune des athéromateux, et par opposition à la cirrhose glandulaire saturnine, la lésion que nous décrivons est donc une *cirrhose vasculaire*, en prenant uniquement ce terme dans sa signification histologique, et sans rien préjuger de l'origine première de l'altération. Mais ce n'est pas en tout cas une sclérose dystrophique, à la façon dont l'entend M. H. Martin. Les éléments scléreux, en effet, paraissent de toute évidence s'être formés au voisinage des artères, et non comme l'exigerait la conception de M. Martin, le plus loin possible des vaisseaux, aux points où la nutrition est le moins parfaite.

Autour des glomérules les mieux conservés, la capsule de Bowman a perdu son aspect hyalin. Elle est épaissie et se confond avec la sclérose ambiante.

Les tractus fibreux cirrhotiques sont entremêlés, d'une proportion considérable d'éléments élastiques. Notre observation III est surtout remarquable à cet égard. Le procédé si démonstratif de Balzer nous a fait voir les trousseaux élastiques onduleux, indépendants des lames artérielles, courant dans le même sens que les faisceaux conjonctifs, et formant çà et là, sur les coupes perpendiculaires à leur direction, de petits îlots vivement teintés en rouge violacé. Cette richesse du tissu de sclérose en substance élastique est à faire valoir contre l'hypothèse d'une sclérose d'origine inflammatoire, et plaide en faveur d'un trouble lent de la nutrition (1).

Que sont devenus dans cette gangue conjonctivo-élastique les vaisseaux et les tubes ?

La plupart des grosses artères de la substance intermédiaire sont altérées mais à un degré modérément accentué. Leur tunique moyenne est réfringente, les fibres musculaires s'y distinguent mal ; elle se colore vivement par l'éosine, mal par le picro-carminate. Elle ne donne pas de teinte jaune à l'éosine, et ne réagit pas au violet de méthylaniline dans le sens de l'amyloïde. Elle offre somme toute, les réactions de l'hyalo-fibrose et non celles de la leucomatose.

L'intima montre une lame élastique interne toujours fort nette, mais doublée à l'intérieur d'un épaississement d'endartérite qui ne va jamais jusqu'à l'oblitération. La tunique externe fibrillaire, pauvre en noyaux, se confond avec la sclérose environnante. Toutefois, sur beaucoup de préparations, on trouve dans la zone vasculaire un certain

(1 (Voyez Letulle et Nicolle, (*Bull. Soc. Anat.* Janvier 1888).

nombre d'artères saines. Celles même qui sont le plus modifiées par l'endartérite, ne présentent pas trace de dégénérescence graisseuse ou calcaire.

Bien autrement profondes sont les lésions des petites artères labyrinthiques. Presque toutes les artérioles interlobulaires ainsi que les branches qui s'en détachent pour aller aux glomérules ont été détruites. Dans la masse fibreuse qui tient la place des lobules, on reconnaît çà et là, à leur réfringence, l'emplacement des artérioles transformées en petits blocs fibroïdes et hyalins. Quelques branches artérielles, plus ou moins modifiées par l'endo-périvascularite, et rétrécies de calibre, persistent encore çà et là; elles sont alors en rapport avec des glomérules vivants et des îlots de tubes contournés en assez bon état.

Sur de nombreuses préparations, nous avons cherché les réactions de l'amyloïde sans les rencontrer, même sur les pièces de notre observ. II qui provenaient d'une malade tuberculeuse.

Les veines, à peu près intactes au niveau de la substance intermédiaire, sont étouffées en grand nombre par la production sclérosique qui a supprimé la substance corticale.

Les *tubes corticaux* sont altérés suivant plusieurs modes De grands espaces en sont complètement privés, et offrent en coupe l'apparence d'un fibrome. Sur d'autres points (Fig. I) les quelques tubes qui persistent sont ectasiés sous forme de kystes microscopiques plongés dans un tissu fibreux dense. Ces tubes ainsi dilatés contiennent une matière mucoïde teinte en jaune par l'acide picrique. Leur épithélium est aplati, et leur forme un revêtement lamellaire, dont les noyaux prennent bien la couleur. Cette paroi épithéliale a conservé son adhérence, et ne se détache pas dans les manipulations.

Dans une seconde catégorie, les tubes sont atrophiés (Fig. I). Leur épithélium est revenu à l'état indifférent, et se compose de petites cellules cubiques régulièrement implantées ; ou bien la cavité du tube est comblée par des cellules rondes très colorées.

Enfin de petites portions de parenchyme disséminées à la périphérie du rein montrent des tubes à peu près sains (Fig. II). Ils sont déformés ; mais les cellules gardent les principales propriétés morphologiques des épithéliums sécréteurs.

Leur noyau est entouré d'une quantité suffisante de protoplasma. Des cellules, en proportion assez élevée, sont hypertrophiées, ce qui doit être envisagé comme un phénomène secondaire dû à une nécessité de suppléance. La cavité de ces tubes ne contient que très rarement des cylindres. Nous n'y avons jamais vu de globules de sang, ni de boules d'exsudation, mais seulement quelques détritus épithéliaux.

Fait important à noter, les préparations à l'osmium ne laissent voir qu'un petit nombre de granulations noirâtres, presque toutes rangées vers la base d'implantation de la cellule. Cette rareté des gouttelettes graisseuses n'est pas en faveur de l'origine inflammatoire et régressive de la néphrite par angustie. Il y a là une raison pour ne pas admettre que cette sclérose atrophique représente un stade évolutif terminal d'un néphrite diffuse.

Tous ces tubes, à quelque variété qu'ils appartiennent, ont perdu leur paroi hyaline, et leur épithélium est directement adossé aux éléments conjonctifs.

La *substance pyramidale* est également modifiée par le processus de sclérose qui a rétracté l'ensemble de l'organe. Toutefois ses lésions sont infiniment moins profondes que celles du cortex. Les altérations y étaient surtout prononcées dans notre observation II. Les tubes excréteurs y avaient perdu leur direction rectiligne ; beaucoup d'entre eux étaient dilatés, d'autres affaissés par le fait d'un collapsus atrophique, tous dissociés par des tractus fibreux. Dans quelques cas la multiplication de l'épithélium excréteur était évidente, et la lumière du conduit obstruée de cellules. Nous n'y avons pas rencontré de concrétions uratiques.

Les reins de la malade qui fait le sujet de notre observation II nous ont fourni l'occasion de constater une particularité fort curieuse.

Dans la colonne montante, au voisinage des vaisseaux, mais indépendants de leur paroi, se voyaient des *faisceaux de fibres musculaires lisses*, parallèles à la direction des artères et des veines. Nous sommes sûr de n'avoir pas été trompé par une apparence, ayant pris la précaution de faire des coupes perpendiculaires les unes aux autres de façon à mettre en évidence les noyaux des cellules musculaires, arrondis sur les coupes transversales, allongés sur les coupes longitudinales. Du reste, l'emploi de l'hématoxyline ou des acides après coloration au picro-carmin empêche toute confusion. D'autres groupes de fibres-cellules étaient disséminés contre la paroi des calices.

La présence de fibres musculaires lisses dans le rein à l'état normal a été mise hors de doute par Eberth et Henle ; leur multiplication à l'état pathologique a été étudiée par Jardet (1) sur des reins de lithiase. Nous avons rencontré nous-même plusieurs exemples de cette hypertrophie du système musculaire du rein, notamment dans un cas de néphrite ascendante publié dans une thèse récente (2). Mais nous étions habitué à croire, d'après nos observations, que cette particularité était réservée aux seuls cas où il avait existé un obstacle au cours de l'urine (3). On comprend en effet que la difficulté de l'excrétion provoque

---

(1) Jardet. *Arch. de Physiol.* Février 1886.

(2) Leca. Des lésions secondaires au cancer de l'utérus. — *Th.* Paris 1888.

(3) Polguère et Jardet, l'ont cependant observée dans les reins d'un typhoïdique.

l'hypertrophie des muscles annulaires des papilles, et secondairement de tout le système musculaire du rein ; il y a là un mécanisme analogue à celui de l'hypertrophie du cœur, qui dépend d'un obstacle à la circulation. Ici il est difficile d'admettre une hyperplasie musculaire en rapport avec l'excès de fonctionnement qu'occasionne une polyurie de longue durée. Cette hypothèse cadrerait pourtant bien avec l'ampliation anormale du bassinet ou des uretères, que nous avons constamment relevée dans nos autopsies.

Il serait peut être plus simple d'admettre que les fibres musculaires présentes dans le rein normal n'ont pas participé à l'atrophie des autres éléments, et qu'elles sont devenues plus apparentes grâce à leur tassement dans un espace rétréci par la sclérose.

Ajoutons enfin que sur quelques coupes nous nous sommes convaincu de l'existence, au voisinage des vaisseaux sous-capsulaires, d'îlots musculaires lisses. Cette disposition a été constatée une fois par Eberth (1), et n'avait pas été retrouvée depuis. Elle était fort nette sur la préparation que reproduit la figure I.

Nous résumerons les caractères histologiques de la néphrite par angustie dans l'énoncé suivant : *sclérose adulte, élasticogène, gouvernée dans sa distribution par le système vasculaire, sans apparence certaine de lésions inflammatoires primitives des tubes ni des artères, et pouvant s'accompagner d'une hyperplasie des fibres musculaires du rein.*

La réunion de ces attributs spécialise, au point de vue de l'anatomie microscopique, la forme morbide que nous décrivons. Aussi bien, son apparence macroscopique lui assurait déjà une physionomie à part.

---

(1) EBERT. *Centralblatt für Medicine*, 1872, p. 225.

Est-il possible, de par l'histologie seule, de fixer l'origine de la lésion qui aboutit à cette cirrhose atrophique du rein ?

Le degré avancé des altérations, dans toutes les pièces que nous avons étudiées, rend la réponse difficile.

Nous ne referons pas le procès de la sclérose dystrophique, envisagée suivant la conception de M. H. Martin. L'état adulte du tissu conjonctif dont les éléments semblent s'être formés lentement et comme un à un, la richesse de ce tissu en substance élastique, seraient des faits de nature à étayer ici cette théorie, si elle était admissible dans sa généralité. La prédominance de la sclérose au pourtour des vaisseaux et des glomérules nous suffit pour la rejeter.

La néphrite par angustie n'est pas davantage une cirrhose épithéliale à la façon de la néphrite saturnine.

Avec Lecorché et Talamon, avec notre maître Lancereaux, nous n'hésitons pas, d'après nos propres observations, à faire quelques réserves sur la conception de la néphrite glandulaire systématique, telle que Cornil et Brault l'ont appliquée au rein saturnin. Mais, en acceptant même la réalité de cette systématisation péri-tubulaire de la sclérose, nous n'avons rien observé dans nos préparations qui se rapportât à cette explication.

Malgré l'absence de toute trace de périglomérulite plus ou moins récente, malgré le faible degré de la stéatose cellulaire, il est à la rigueur possible qu'une néphrite diffuse, subaiguë ou parcellaire, de nature toxique ou plus probablement infectieuse, ait inauguré le processus histologique qui a conduit le rein à l'atrophie scléreuse. Cette hypothèse, si elle se vérifiait, en mettant la cause efficiente en regard de la cause prédisposante, ne diminuerait en rien l'importance de cette dernière condition.

Evidemment, les localisations viscérales des maladies générales ne s'installent pas dans un organe plutôt que dans un autre en vertu de simples caprices pathologiques. La vénérable notion du *locus minoris resistentiæ* n'a été délaissée dans notre temps d'études positives qu'en raison de son caractère métaphysique, et parce qu'elle manquait presque toujours de base anatomique. Pour notre part, nous croyons avoir saisi la condition organique qui augmente communément la vulnérabilité du rein.

Nous mettrons prochainement au jour des documents qui tendent à établir que les infections et les intoxications se déterminent de préférence sur le rein, quand le système artériel est insuffisant, et que les néphrites ainsi créées évoluent plus volontiers vers la chronicité. Mais, encore une fois, dans l'ordre de faits qui nous occupe, rien ne prouve que l'aplasie artérielle ait restreint son rôle à une influence prédisposante, et n'ait pas suffi à causer la lésion tout entière.

Indépendamment des altérations rénales, les particularités anatomiques rencontrées à l'autopsie de nos malades peuvent se ranger sous deux chefs :

1° Lésions consécutives à la néphrite ;

2° Hypoplasies congénitales.

LÉSIONS CONSÉCUTIVES A LA NÉPHRITE.

En tête de ces désordres se place l'*hypertrophie du cœur*.

Nous possédons trente-huit observations personnelles d'étroitesse généralisée et congénitale des artères, constatée à l'autopsie de sujets tuberculeux pour la plupart. Sept fois seulement le cœur était hypertrophié. C'est une proportion plus faible que celle indiquée par Beneke. Sur ces sept cas, trois ont trait à nos observations de néphrite atrophique chez de jeunes sujets et sont rapportés plus loin. La quatrième observation est celle d'un malade mort de fièvre typhoïde avec néphrite infectieuse (1). Dans les deux suivantes, l'hypertrophie du cœur reconnaissait pour cause immédiate une endocardite ulcéreuse avec anévrysme valvulaire des sigmoïdes aortiques (2). Enfin la dernière concerne une jeune femme morte d'urémie comateuse à l'hôpital Lariboisière dans le service de notre cher maître M. Proust, et qui portait une néphrite diffuse dont l'origine nous est restée inconnue.

Si l'on excepte notre observation de néphrite typhoïdique, où l'hypertrophie ventriculaire nous a paru inexplicable, — la lésion rénale étant trop récente pour avoir provoqué si tôt le désordre cardiaque, — toutes les fois que nous avons rencontré la combinaison de l'angustie artérielle avec l'augmentation de volume du cœur, cette dernière résultait manifestement d'une altération rénale ou endocardique. Dans les trente-et-une autres observations, le cœur était normal ou petit.

Notre statistique montre donc surabondamment que l'étroitesse congénitale des artères est incapable de déterminer à elle seule l'hypertrophie du cœur. Nous pouvons en conclure que si cette hypertrophie accompagne la cirrhose rénale que nous décrivons, elle est sous sa dépendance directe. Or, cette association est à peu près constante et la loi de Traube trouve dans nos faits une confirmation.

Sur les neuf observations que nous donnons plus loin et qui constituent à elles seules tout le dossier de la néphrite

(1) Beneke insiste tout particulièrement sur la gravité de la fièvre typhoïde chez les jeunes gens affectes d'aplasie artérielle. Notre statistique personnelle confirme pleinement la sienne et y ajoute cet enseignement qu'*il existe généralement à l'autopsie de ces malades des altérations de néphrite diffuse.*

(2) L'endocardite infectieuse trouve son terrain chez les individus à aorte étroite. (*Kiwisch, Virchow, Beneke, Lancereaux*, 4 observations personnelles).

interstitielle liée à l'angustie, huit portent la mention formelle de l'hypertrophie du cœur, à savoir les quatre observations résumées de Lancereaux, le fait de Bartels, et nos observations personnelles I, III et IV. Dans une de nos autopsies (obs. II), le cœur était petit. Nous remarquerons que cette exception porte sur le seul de nos sujets qui fût tuberculeux.

Cet accroissement du poids et du volume du cœur, sans atteindre un degré excessif, paraît surtout considérable lorsqu'on songe qu'il s'agit de sujets jeunes et assez peu développés.

Au point de vue histologique, la lésion cardiaque consistait en l'hyperplasie banale des fibres musculaires, telle qu'on l'a si fréquemment étudiée dans l'hypertrophie pure du cœur. La fibre était saine ; nous n'avons trouvé aucune dégradation graisseuse, pigmentaire ou autre des éléments musculaires, ni aucune trace de fragmentation en blocs cellulaires par dissolution du ciment d'union.

M. Déjerine (1) a publié un cas fort intéressant de myocardite interstitielle chez une chlorotique ; myocardite qui semblait dépendre uniquement de la sténose artérielle; nous n'avons rien vu d'analogue.

Nous ne nous arrêterons pas à décrire la *gastrite urémique* constatée chez une de nos malades (obs. II) qu'avaient longtemps incommodée des accidents d'urémie digestive. On trouvera dans le corps de l'observation le compte-rendu des altérations macroscopiques et histologiques de cet estomac. Elles ne différaient pas des lésions ordinaires de l'urémie gastrique, telles qu'elles ont été étudiées par Treitz et Lancereaux, et, au point de vue histologique, par notre maître Lancereaux et par nous-même (2). Elles n'ont rien de spé-

(1) Déjerine. *Bull. Soc. Anat.* 1880.

(2) *Union médicale* 1888. — Anatomie pathologique de l'urémie (Leçon de Lancereaux).

cial à la néphrite par angustie, et ne sauraient par conséquent nous retenir ici.

Le *gros intestin* était également modifié dans le sens de l'entérite urémique chez la même malade. (Voir l'observation II).

C'est le seul cas où nous ayons trouvé des lésions imputables à l'insuffisance rénale et à la dérivation vers les surfaces de suppléance. Encore les séreuses, les bronches et la peau étaient-elles intactes. Rappelons que dans le fait de Bartels il existait une péricardite très probablement d'origine urémique.

Plusieurs auteurs, Bartels en particulier, ont insisté sur l'épaississement de la voûte du crâne chez les individus affectés de néphrite interstitielle. La vérité est que cette ostéite ossifiante ne se rencontre que sur les sujets qui ont succombé à la cirrhose rénale liée à l'artério-sclérose. C'est une lésion contemporaine de la néphrite artérielle vulgaire, subordonnée comme elle à l'endopéri-artérite généralisée ; elle n'affecte avec la néphrite aucune relation de cause à effet. Aussi ne pouvait-elle exister chez nos malades. Bartels, dans l'observation que nous lui empruntons, note lui-même que la voûte du crâne était mince et légère.

Dans un des faits de Lancereaux, l'auteur mentionne un pointillé hémorrhagique de la rétine.

HYPOPLASIES CONGÉNITALES.

Elles consistaient uniquement en une angustie généralisée des vaisseaux artériels, avec amincissement et stéatose de leur paroi (1).

Les aortes que nous avons vues et mesurées repré-

(1) Le malade de notre observation I présentait en outre une aplasie génitale fort remarquable, dont nous réservons l'étude.

sentaient le type indiqué par Virchow sous le nom d'*aortis chlorotica*.

La circonférence moyenne de l'orifice aortique, évaluée par Bizot à 70 mill. pour les hommes et 64 mill. pour les femmes, est au minimum de 60 mill. environ, chez les sujets normaux, d'après Beneke, à l'âge de nos malades (18, 20, 22 ans). Elle mesurait respectivement 44, 42, 52, 48 mill. chez quatre sujets morts de néphrite interstitielle dont nous avons examiné les pièces.

Chez d'autres sujets, porteurs d'une hypoplasie artérielle congénitale, nous avons noté des dimensions plus restreintes. (Virchow a mesuré un orifice aortique de 22 mill. chez un sujet de 24 ans !) Mais nous laissons ces autres mensurations de côté, désirant limiter cette étude à nos seules observations de sclérose rénale.

La diminution proportionnelle du calibre des artères se poursuivait dans l'aorte thoracique et abdominale et dans les artères périphériques. L'aorte ventrale était du diamètre d'une iliaque primitive, l'iliaque du diamètre d'une humérale. Les artères rénales étaient pareillement sténosées, mais en proportion exacte avec les autres vaisseaux.

Les tuniques vasculaires étaient amincies, sauf aux endroits où elles étaient doublées par des plaques de stéatose. Les orifices des artères qui partent de l'aorte occupaient leur emplacement habituel. Sur aucune des quatre aortes que nous avons examinées, il n'y avait d'anomalies dans le groupement des issues artérielles. Les origines des intercostales dont nous avons trois fois observé l'irrégularité sur d'autres aortes aplasiées, étaient symétriquement distribuées, et le nombre ordinaire des orifices se trouvait au complet.

Les plaques de stéatose étaient disséminées un peu partout. Sur trois aortes, elles prédominaient dans la partie abdominale du vaisseau, et formaient par leur saillie des stries jaunâtres, parallèles à la direction du vaisseau. L'expression d'*élevures réticulées*, et la comparaison allemande de la surface interne de « *l'aortis chlorotica* », avec un filet, nous ont toujours semblé médiocrement exactes. D'une façon générale, les traînées de stéatose sont longitudinales ; parfois elles s'entrecroisent assez pour donner lieu à la production de petites logettes, et voilà tout. Chez le sujet de notre observation II, les plaques de stéatose s'étendaient *dans toutes les artères périphériques ; leur confluence* y était plus marquée que d'ordinaire, et leur relief plus saillant à l'intérieur du vaisseau. L'aorte dans notre observation I, ne présentait qu'une seule plaque de dégénérescence graisseuse ; mais son épaisseur était extrême, la tunique moyenne ayant subi une infiltration totale.

L'élasticité de la paroi artérielle à la traction était positivement augmentée, comme c'est la règle en pareil cas.

Sur nos coupes histologiques, nous avons cherché quelle disposition de la tunique moyenne pouvait bien rendre compte d'un tel fait. Si l'on excepte la stéatose, la paroi artérielle avait sa disposition normale et, aux points respectés par l'infiltration graisseuse, la proportion de la substance élastique et des fibres-cellules n'était pas changée.

En comparant une des coupes avec une autre préparation provenant d'une aorte normale, on ne remarque d'autre différence que celle de l'épaisseur.

La stéatose n'occupe que l'intima, ou s'étend aussi, mais en de rares endroits, à la tunique moyenne. Dans un cas (obs. I) une plaque unique de stéatose occupait presque exclusivement la tunique moyenne ; l'endartère était relativement épargnée. On voyait en ce point la tunique moyenne à peu près uniquement composée de graisse et d'éléments élastiques ; les granulations huileuses s'étendaient en nappe entre les lames élastiques ; les fibres-cellules avaient disparu. A la limite de la plaque, les cellules musculaires étaient en voie de dégénérescence graisseuse, et leur intérieur rempli de fines gouttelettes. L'endartère ne présentait que quelques îlots graisseux disséminés.

Quand la lésion se cantonne à la tunique interne, ce qui est l'ordinaire, elle est toujours et uniquement constituée par des amas graisseux sous-endothéliaux. Il n'y a pas la moindre trace de prolifération cellulaire. Ce n'est pas de l'endartérite, c'est une hypoplasie pure et simple. Les cristaux d'acides gras sont assez abondants. Il n'y a jamais de formations calcaires à proprement parler. Le processus histologique diffère ici complètement de celui de l'athérome, qui est toujours d'origine inflammatoire.

Le système veineux nous a invariablement paru sain et de dimensions convenables.

L'artère pulmonaire, toujours bien plus large que l'aorte, n'offre aucun degré d'aplasie. Elle avait conservé un diamètre normal chez celui-même de nos sujets qui portait des lésions tuberculeuses du poumon.

EXPOSÉ CLINIQUE.

L'étude symptomatique de la néphrite par angustie ne comporte aucun développement.

Quelle que soit la nature de l'atrophie scléreuse des reins et son origine, elle se traduit par des symptômes analogues. Il serait plus que banal de refaire, à propos de nos malades, l'histoire de la polyurie albumineuse, du bruit de galop cardiaque et de l'insuffisance rénale.

Ce qui importe seulement, c'est de faire connaître leurs antécédents habituels, et de dépeindre l'habitus extérieur spécial qui donne à ces brightiques leur cachet clinique, et permet de soupçonner les conditions anatomiques de leur lésion.

Il sera suffisant d'énumérer ensuite les symptômes les plus saisissants qui aient exprimé la cirrhose rénale, dans les cas particuliers que nous avons observés.

Il existe un aspect corporel spécial des gens à artères étroites. Nous avons appris à le bien connaître, et, depuis deux ans, il nous est arrivé plusieurs fois d'annoncer, avant l'autopsie, l'aplasie artérielle, qu'on trouvait généralement en effet.

Cet aspect n'est pas celui de l'infantilisme. Il s'en rapproche par quelques traits, et y ressemble de plus ou moins loin, suivant les sujets. Mais on rencontre communément l'angustie artérielle chez les individus grands, musclés, largement charpentés. Il est curieux de relever à ce propos cette phrase de Morgagni, reproduite par Virchow : « L'aorte était si petite qu'elle aurait plutôt convenu à une fillette qu'à un homme d'assez belle stature. »

L'habitus des aplasiques ne se confond pas non plus

avec le « type vénitien » de Landouzy. Ils ont indifféremment l'iris bleu ou noir, les cheveux roux, blonds ou bruns.

Il se rapproche davantage de celui des chlorotiques. L'expression de « aortis chlorotica » nous déplaît, et nous ne sommes nullement portés à identifier la chlorose avec l'angustie artérielle. La maladie est trop compréhensive pour être exactement superposable à la lésion. Mais, parmi les formes si variées de la *chlorose clinique*, il y a une *chlorose anatomique* qui possède comme substratum l'hypoplasie vasculaire. Cette forme morbide qui garde la plupart des attributs de la chlorose ordinaire ou de la chlorose floride, en a deux en propre, à savoir : *le développement rès imparfait du système pileux et de l'appareil génital.*

Lorsqu'un malade d'apparence chlorotique, a la face, les aisselles et le pubis glabres, que sa verge et ses testicules sont infantiles, on peut affirmer, presque à coup sûr, que ses artères sont hypoplasiées. La proposition inverse est inexacte. Chez les femmes, ce diagnostic est moins facile. Par le toucher, on ne peut sûrement apprécier l'état infantile de l'utérus.

Nos malades hommes, possédaient au plus haut degré les attributs extérieurs de l'aplasie artérielle. Il suffit de lire à cet égard nos observations I et III. Chez la malade qui fait l'objet de notre obs. II, les organes génitaux étaient convenablement développés. Elle présentait depuis l'enfance tous les signes de la chlorose ménorrhagique.

Quand on interroge les antécédents de nos malades, on peut recueillir deux notions précieuses. La première est celle de l'hérédité possible, directe ou collatérale. L'aplasie artérielle, en effet, est une disposition organique essentiellement héréditaire, comme la chlorose elle-même (1).

(1) En voici un exemple assez probant : Nous avons soigné à l'Hôtel-Dieu, dans le service de M. le professeur Proust, pour une

La sœur d'une de nos malades (obs. II), présentait un état de chlorose grave ; nous avons examiné son sang à plusieurs reprises. Un des frères du malade de l'obs. III était mort albuminurique à 29 ans, après être resté longtemps malade, et presque sans avoir eu d'enflure des jambes.

Un autre renseignement intéressant est souvent fourni par ces malades. Quoique assez vigoureux dans leur enfance, ils étaient sujets à s'essouffler facilement, et ne pouvaient courir ou faire de la gymnastique sans être pris d'oppression et de battements de cœur.

Tels sont les stigmates physiques, tels sont les anamnestiques qui, croyons-nous, permettent au médecin de préjuger la nature des néphrites interstitielles qu'il observe chez les jeunes gens.

Quant aux symptômes mêmes de l'affection rénale, ils n'ont aucun caractère particulier, et l'évolution de la maladie n'a rien qui sorte des règles communes.

Chez deux de nos malades (obs. II et III), le mal s'est installé lentement. Les premiers symptômes ressentis ont consisté en des palpitations, des troubles digestifs, une lassitude invincible. Puis s'est montré l'œdème des jambes. Les malades se souvenaient que depuis longtemps ils

chlorose grave avec infantilisme, une jeune fille dont la mère, morte deux mois auparavant dans le même service, présentait une aplasie extrême du système artériel, et un ulcère rond de l'estomac cicatrisé.

Cette hérédité de l'étroitesse vasculaire, pour le dire en passant, expliquerait par une disposition tangible le fait de l'hérédité du terrain tuberculeux, si l'hypothèse de Beneke se vérifiait. Cet auteur, comme on le sait, admet que l'aplasie aortique, plus que le rétrecissement pulmonaire, favorise le développement de la phthisie. Nos observations personnelles au nombre de 38 (27 chez des tuberculeux) confirment pleinement cette manière de voir. Cette phthisie des aplasiques se développe de bonne heure et présente quelques particularités anatomiques.

étaient obligés de se relever plusieurs fois la nuit, et que leurs urines étaient blanches et mousseuses.

Le sujet de notre observation I a été pris plus brusquement d'une anasarque, qui a fait place aux symptômes habituels de polyurie et de fatigue. Son mal a-t-il commencé par une néphrite aiguë ? S'agissait-il d'une poussée congestive ou épithéliale, traversant une sclérose déjà en voie d'évolution ? Nous n'en pouvons rien savoir.

Quand nous avons vu ces malades à l'hôpital, leur œdème était modéré. Chez l'un d'eux il a pris, aux derniers jours du mal, une localisation bizarre dans le tissu cellulaire sublingual.

Les urines, neutres ou légèrement acides, étaient abondantes, de 2 à 4 litres dans les vingt-quatre heures. Elles étaient mousseuses, et de la couleur du petit lait ou du vin blanc (II Vogel). Leur richesse en albumine était plus grande qu'on ne le voit dans les néphrites scléreuses communes. On dosait par jour 3 à 6 grammes d'albumine-sérine ; il n'existait que des traces de globuline et pas de peptones. Le taux de l'urée était abaissé à 6, 8 grammes par litre. Le précipité provoqué par l'acide nitrique se colorait d'une assez forte proportion d'urohématine. L'examen microscopique n'y montrait que quelques débris épithéliaux granuleux, de rares cylindres hyalins, point d'éléments du sang. L'examen du cœur indiquait des valvules normales et des contractions énergiques. On n'entendait même pas de bruits anémiques, sauf chez une malade dans les vaisseaux du cou. Le rythme diastolique à trois temps s'est fait entendre dans tous les cas, avec une netteté parfaite. Nous regrettons de n'avoir pu mesurer la tension artérielle de nos malades.

L'hématimétrie ne nous a donné aucun renseignement utile ; le taux globulaire était simplement abaissé à 2 millions 1/2, 3 millions comme toujours dans les anémies liées au mal de Bright.

Les *troubles oculaires* ont invariablement fait défaut.

Les *désordres urémiques* ont consisté presque uniquement en vomissements, en céphalée, en gêne respiratoire sans dyspnée spasmodique ni paroxystique. La malade de Bartels est morte au milieu d'accidents urémiques bien autrement dramatiques, des convulsions, des hématémèses, des signes de péricardite.

Un seul de nos sujets a succombé à l'urémie (obs. I). La maladie des deux autres a été abrégée par la tuberculose (obs. II), et par la pneumonie (obs. III).

OBSERVATIONS [1]

(1) Nous résumons le compte-rendu histologique de nos autopsies, pour éviter la répétition du texte.

OBSERVATION I.

(Personnelle).

NÉPHRITE INTERSTITIELLE CHEZ UN JEUNE HOMME DE 20 ANS. — ÉTROITESSE EXTRÊME DU SYSTÈME ARTÉRIEL.

Le nommé B..., Jean, âgé de 20 ans, employé de commerce, entre le 1er septembre 1885, à la Pitié, salle Piorry, n° 9, dans le service de M. le docteur Lancereaux.

Les renseignements que nous fournit le malade ne nous apprennent rien d'intéressant du côté de ses antécédents héréditaires. Son père est mort d'une affection indéterminée ; sa mère est actuellement bien portante ainsi qu'une sœur âgée de 35 ans.

Lui-même n'a jamais été malade dans son enfance; il se rappelle qu'à cette époque de sa vie il n'était nullement court d'haleine; il courait, faisait de la gymnastique ou des exercices violents sans gêne respiratoire ni palpitations. Sa santé a donc été parfaite jusqu'en mars 1884; il y a par conséquent dix-huit mois environ.

A cette époque, après avoir pâli légèrement et s'être aperçu qu'il était un peu plus faible qu'à l'ordinaire, il s'est réveillé un matin les paupières gonflées. Quelques jours après, c'était le tour des jambes, et le malade se trouvait bientôt obligé de prendre le lit avec une anasarque absolument généralisée.

Il fut soigné par le régime lacté, et au bout de deux mois de séjour au lit, l'œdème avait disparu. Il prétend qu'au début il avait des urines foncées et peu abondantes. Depuis, il a toujours été très faible, ne pouvant se livrer à aucun travail, essoufflé au moindre effort, sans appétit, et dormant mal, avec des périodes alternantes de mieux et d'aggravation. Plusieurs fois il a eu les paupières enflées mais l'œdème des membres n'a pas reparu. Il y a environ seize mois que ses urines sont très claires et très abondantes.

Etat actuel. — Garçon de taille assez élevée, très grêle. — Visage infantile. — Système pileux peu développé. — Thorax étroit, muscles grêles, cou long et mince.— Organes génitaux d'un enfant de dix ans testicules gros comme une noisette. Son teint est pâle, terreux ; la peau sèche, légèrement écailleuse, est le siège de démangeaisons assez vives sans éruption papuleuse ou autre. Il entre se plaignant d'essoufflement, de maux de têtes, de palpitations et d'une grande faiblesse.

Point d'œdème.

Urine : Quantité.	3 litres 1/2
Coloration	II. Vogel
Densité	1007
Réaction	Acide.

Flots d'albumine rétractile.
Au microcospe — point de cylindres.

Les poumons ne révèlent rien à l'auscultation. Respiration fréquente sans Cheyne Stokes, sans prédominance du type abdominal.

Point de soufle anémique, bruit de galop extrêmement net. Les battements du cœur sont énergiques et le muscle parait hypertrophié.

Pouls normal de fréquence un peu exagérée.

L'examen clinique des autres organes et des appareils des sens est négatif.

10 septembre. — On trouve le malade à la visite avec un œdème considérable des paupières du côté gauche ; il ne se rappelle pas s'être exposé à un courant d'air. — L'état général est toujours le même.

Urines, 3 litres 1/4.

13 septembre. — Les paupières des deux yeux sont maintenant œdèmatiées. Le malade accuse une plus grande difficulté de la respiration ; il se plaint de ne pouvoir avaler qu'avec peine et de remuer difficilement la langue. On constate un œdème assez considérable du plancher de la bouche et de la face inférieure de la langue qui est très tuméfiée. Pas d'œdème du cou, aucun signe d'œdème de la glotte.

14 septembre. — L'œdème des paupières et du plancher buccal a augmenté ; le malade est abattu et oppressé ; il répond difficilement aux questions et d'une voix inintelligible ; il a passé une nuit agitée, délirant et poussant des cris.

15 septembre. — Le malade est couché sur le dos la bouche ouverte, et fait entendre des cris rauques. L'œdème du plancher buccal est considérable ; la langue est soulevée, la pointe recourbée en arrière et appliquée à la voûte palatine ; il est impossible d'examiner le pharynx. Le malade ne peut ni parler ni boire; il ne paraît pas reconnaître les personnes qui l'entourent; sa respiration est très fréquente, bruyante, parfois irrégulière mais sans rythme spécial, presque exclusivement thoracique,

Pas d'œdème des extrémités; œdème du prépuce, Temp. 36° 8.

Mort à 4 heures du soir.

Autopsie. — Sujet non œdèmatié. — Pas de liquide dans les cavités séreuses de l'abdomen et du thorax.

Poumons sains, sans aucune trace de tubercules au sommet.

Cœur volumineux — Orifices suffisants. Hypertrophie considérable du ventricule gauche dont la paroi mesure 18 millimètres d'épaisseur. Pas de dilatation du ventricule droit. — Intégrité des valvules. — Poids : 390 grammes.

Quand on extrait le cœur de la poitrine après avoir sectionné les vaisseaux de la base, on est immédiatement frappé de la différence des calibres de l'artère pulmonaire et de l'aorte. L'étroitesse de l'aorte atteint un degré extrême. Elle a l'apparence d'une fémorale. Sa portion thoracique ne permet pas l'introduction de l'extrémité du petit doigt. Elle est ouverte dans toute sa longueur, pour mesurer la circonférence de ces diverses portions après les avoir étalées à plat.

Orifice aortique	44	millimètres
A la portion descendante de la crosse. . .	34	id.
Au dessus du diaphragme	31	id.
Au niveau des artères rénales	31	id.
Immédiatement au dessus de la bifurcation.	29 à 30	

Les *artères rénales* ont :

la droite 9 millimètres de circonférence
la gauche 7 millimètres id

Les artères fémorales à deux centimètres de leur origine, ont vingt millimètres.

Pas d'anomalies dans la façon dont naissent les branches de l'aorte.

Les intercostales sont groupées régulièrement par paire, sans qu'il en manque.

Le canal artériel est oblitéré ainsi que le trou de Botal.

La tunique interne des artères est uniformément lisse, sans altération.

Les parois des artères sont extrêmement minces et délicates, excepté en un point de la crosse de l'aorte. Là, au point d'origine du tronc brachio-céphalique, il existe dans une étendue de 7 à 8 millimètres une plaque d'épaississement du vaisseau qui semble porter sur les trois tuniques,

L'*orifice pulmonaire* mesure 56 millimètres.

L'*estomac* est légèrement rétracté et plissé.

L'*intestin, le foie, le pancréas, la rate* sont d'apparence normale.
Il n'y a pas d'hypertrophie des ganglions lymphatiques.

Les reins sont considérablement diminués de volume; le rein gauche pèse 45 grammes, le rein droit pèse 80 grammes. Ces organes sont entourés d'une atmosphère adipeuse assez dense.

Leur capsule est très adhérente, et arrache en se détachant de petits lambeaux de la substance corticale sous-jacente. La surface du rein est finement et régulièrement granulée, parsemée de quelques kystes très petits et relativement rares. A la coupe on ne distingue plus les deux substances. — Le parenchyme a un aspect grisâtre et est considérablement induré. Pas de tâches ecchymotiques. Les papilles sont contractées, sans productions uratiques.

Le bassinet est libre, sans calculs, de diamètre normal.

Les *uretères* sont notablement élargis, au point d'admettre l'extrémité du petit doigt. Ils sont uniformément dilatés dans toute leur étendue et l'un autant que l'autre. La vessie est large, à parois légèrement épaissies. La muqueuse en est parfaitement intacte, ainsi que celle des uretères et du bassinet.

Prostate normale. — *Urèthre* libre.

Encéphale et méninges d'apparence normale.

Voûte du crâne non épaissie.

Examen histologique. — *Rein*, capsule épaissie. Au dessous, en certains points où la lésion est le plus accentuée, la substance corticale n'est plus représentée que par un tissu fibreux coloré en rose vif par le carmin et parsemé de petits kystes très nombreux. Ces petits kystes sont formés par la distension des tubuli; ils contiennent une matière claire, homogène et teintée en jaune par l'acide picrique. Sur les préparations colorées à l'hémotoxyline, on voit la paroi formée par l'épithélium aplati du tube. Immédiatement au dessous de la capsule se trouvent quelques tubes atrophiés et quelques vaisseaux sclérosés; au voisinage de ces derniers on voit nettement des fibres musculaires aberrantes.

Sur d'autres endroits, l'atrophie de la substance corticale est moins marquée. Les glomérules y persistent, mais fibrosés. A leur pourtour, extrêmement peu de noyaux. La capsule de Bowman n'est plus visible et se confond avec le tissu cellulo-fibreux qui constitue la plus grande partie de la coupe. Ce tissu conjonctif est tout à fait adulte, avec une quantité extrêmement faible d'éléments jeunes. Il ressemble au tissu inodulaire d'une vieille cicatrice, quoique plus riche en fibres élastiques.

Par places, se voient des ilôts de tubes encore conservés. Ils sont plongés dans la masse conjonctive, déformés et dilatés par le fait d'un appel excentrique. A l'intérieur l'épithélium est granuleux, pauvre en gouttelettes graisseuses; la lumière du tube est libre et sans boulettes d'exsudation ni cylindres. En d'autres points, les tubes sont ratatinés, tapissés ou remplis d'une quantité de cellules qui prennent vivement le carmin.

Il est impossible, à cause du degré avancé de l'évolution conjonctive, de reconnaitre sur les coupes parallèles à la surface la disposition lobulaire du labyrinthe et les rayons médullaires.

Les lésions de sclérose sont également très accentuées dans la substance pyramidale; bien que n'atteignant pas l'extrême degré de la sclérose corticale.

Tous les vaisseaux du rein sont altérés. Il existe à la fois des lésions endo et péri-vasculaires. Les gros vaisseaux de la zone intermédiaire sont atteints au même titre, mais à un moindre degré que les petits vaisseaux du labyrinthe. Les parois artérielles ont subi, presque partout, la transformation hyalo-fibreuse. Les veines sont relativement respectées. Nulle part trace d'amylose.

L'examen histologique du cœur montre une hypertrophie musculaire simple, sans trace de sclérose interstitielle.

La plaque d'épaississement de la crosse aortique est due à une infiltration considérable de granulations graisseuses qui infiltrent la tunique moyenne du vaisseau.

En ce point la coupe ne montre plus que des lames élastiques et de la graisse.

Quelques cellules musculaires sont remplies de granulations graisseuses. La tunique interne est relativement épargnée par la stéatose. On y trouve pourtant çà et là des nids de granulations graisseuses disséminés dans la zone la plus interne de l'endartère sous forme de petits ilots qui paraissent occuper la place des cellules de Langhans.

OBSERVATION II.

(Personnelle).

NÉPHRITE INTERSTITIELLE CHEZ UNE JEUNE FILLE DE 18 ANS. — ÉTROITESSE EXTRÊME DU SYSTÈME ARTÉRIEL.

La nommée B..., Marie, 17 ans 1/2, fleuriste, entre le 16 août 1886 à la Pitié, salle Lorain, nº 19, dans le service de M. le Dr Lancereaux.

Une sœur chlorotique.

Variole à l'âge de 11 ans.

Santé toujours chancelante. La croissance a eu lieu très lentement, elle ne s'est pas achevée et la malade qui a 17 ans 1/2 ressemble aujourd'hui à une enfant de 13 ans. Les règles se sont établies à 15 ans; elles ont été toujours très abondantes et le sont encore aujourd'hui. Depuis longtemps, dès l'enfance, la malade urine abondamment et fréquemment, surtout la nuit. Depuis l'âge de 10 ans, elle souffre d'étouffements qui surviennent par crises le soir ou la nuit. Palpitation au moindre travail et au moindre effort depuis 3 ans surtout. L'œdème péri-malléolaire paraît au mois de juin dernier; il a persisté en s'accentuant jusqu'à l'entrée de la malade à l'hôpital.

Etat actuel. — Visage infantile, thorax et membres grêles, développement peu accusé des seins, absence de poils au pubis, exiguité du corps thyroïde, petite taille.

Elle se plaint de palpitations, d'essoufflement, de faiblesse, de vomissements survenant brusquement, se répétant fréquemment pendant 3 ou 4 jours pour cesser ensuite et reparaitre.

Son appétit est conservé et même exagéré, elle fait une abondante consommation de boissons. Ses digestions sont assez faciles, ses selles régulières.

Langue et muqueuses roses.

La malade ne tousse pas et n'a pas d'expectoration. A l'examen de sa poitrine, on note cependant de la submatité au sommet droit et une rudesse marquée de la respiration à ce niveau avec craquements secs.

Le rythme cardiaque est modifié et présente le type du bruit de galop, pas de souffle orificiel ni extra cardiaque, souffle anémique des jugulaires.

Rien à l'examen clinique des viscères abdominaux.

Urine : Quantité. . . . . . 3 litres 1/2.
Densité 1004
Réaction. . . . . . Acide.

Albumine grise rétractile en proportion notable ; urohématine (4 gr. 50 d'albumine en 24 heures).

Sucre. . . . . . . 0.
Urée . . . . 6 gr. par litre.

Les urines sont mousseuses et leur coloration ressemble à celle du vin blanc.

La recherche de la globuline par le procédé de Hammarsten n'en fait point découvrir.

L'œdème des jambes est évident surtout autour des malléoles, mais peu accentué. Temp. normale. Le pouls est difficile à sentir et ressemble à un pouls d'enfant. Il est régulier et fréquent (98).

10 septembre. — La malade qui souffrait vivement de maux de tête depuis plusieurs jours vient d'être prise de vomissements ; elle a rendu à plusieurs reprises un liquide grisâtre semblable à du bouillon sale. Une purgation d'eau-de-vie allemande et le remplacement des aliments par le lait la débarrassent de ces symptômes pénibles.

Pas de modification des symptômes locaux et généraux jusqu'au mois de janvier 1887. — La malade a continué à souffrir de ses palpitations. Les crises d'étouffement sont devenues plus fréquentes ; à plusieurs reprises elle a présenté des accidents urémiques légers consistant en céphalée nocturne, en crises de diarrhée et de vomissements, rapidement conjurés en général par les drastiques et la diète lactée. L'œdème des deux pieds a persisté, mais sans s'accentuer. Au mois de janvier elle est prise de symptômes d'arthrite subaiguë au niveau de l'articulation tibio-tarsienne du côté gauche, et passe dans le service de M. Polaillon où elle meurt le 20 avril 1887.

Nous avons pu faire nous-même l'autopsie, grâce à l'obligeance de notre collègue Legrand.

Autopsie. — Corps amaigri, non œdematié.

Pas de liquide dans les cavités du thorax et de l'abdomen.

Adhérences pleurales anciennes des deux côtés.

Les poumons sont le siége d'une tuberculose caséeuse assez étendue, mais limitée cependant aux sommets avec prédominance du côté droit.

Foie. Augmenté de volume, gras, — vésicule biliaire moyennement distendue par une bile muqueuse et peu colorée.

Pancréas petit, d'apparence normale.

Cœur plus petit qu'un cœur normal ; poids 200 grammes. — Valvules intactes. — Muscle sain.

Aorte d'une étroitesse extrême.

A l'origine	42	millimètres.
Au niveau des rénales.	25	id.
id. de la bifurcation.	22	id.

Tuniques minces, délicates. Aspect classique de l'*aortis chlorotica* ; stries graisseuses lougitudinales, faisant saillie dans la cavité du vaisseau sur tout le trajet de l'aorte thoracique et abdominale. Ces plaques de stéatose se poursuivent dans la plupart des gros vaisseaux qui partent de l'aorte.

Reins extrêmement rétractés. — Le gauche pèse 40 grammes, le droit 65. Le rein gauche est réduit aux dimensions d'une grosse noix. Si l'on incise ces reins, on voit que la substance rénale indurée et grisâtre est réduite à un moignon informe où l'on ne distingue plus les différentes portions du parenchyme. Ce qui reste des colonnes de Bertin fait encore une légère saillie. Les papilles ont disparu et leur rétraction a déterminé l'agrandissement des calices. Le bassinet lui-même est légèrement dilaté, ses parois sont saines. L'uretère et la veine ont conservé leur apparence et leur dimension normales.

Pas d'aplasie des organes génitaux dont le volume est en rapport avec l'âge de la malade.

L'estomac est rétracté ; sa surface interne est recouverte de plis saillants et d'un mucus visqueux et adhérent.

Le gros intestin offre également une muqueuse épaissie, plissée et congestionnée.

Examen histologique. — *Reins*. Ils présentaient au plus haut degré les lésions que nous avons longuement décrites. C'est sur ces reins que nous avons trouvé l'hypertrophie du système musculaire lisse dans la colonne montante et contre les parois du calice. Malgré l'état tuberculeux avancé de la malade, nous n'avons pas rencontré davantage de matière amyloïde sur les coupes que dans les reins provenant de nos autres sujets.

Les *coupes de l'aorte* nous ont montré la stéatose affectant la tunique interne à l'exclusion de la couche moyenne qui contenait seulement au voisinage de la lame élastique interne quelques fines granulations graisseuses incluses à l'intérieur des cellules musculaires.

Des *coupes portant sur l'estomac* faisaient voir une infiltration abondante de cellules embryonnaires dans la petite zone celluleuse comprise entre la base des tubes glandulaires et la musculaire muqueuse. Le tissu sous-muqueux n'était pas épaissi, pas même au niveau des points lymphatiques normaux. La *muscularis mucosæ* était partout respectée par la poussée embryonnaire et les lésions strictement limitées à la muqueuse. Les colonnes inter-glandulaires étaient infiltrées de cellules rondes; les conduits tubulaires bourrés de ces mêmes cellules; les grosses cellules protoplasmiques des culs-de-sac étaient diminuées de volume, et en exposant une coupe aux vapeurs d'acide osmique, il était facile de se rendre compte de la diminution des granules peptiques. Somme toute, lésions assez accusées de gastrite catarrhale, telles qu'on les rencontre communément dans l'urémie gastro-intestinale.

OBSERVATION III.

(Personnelle).

NÉPHRITE INTERSTITIELLE LIÉE A L'ANGUSTIE ARTÉRIELLE CHEZ UN JEUNE HOMME DE 22 ANS.

Le nommé R..., Armand, âgé de 22 ans, chapelier, entre le 24 septembre 1887, salle St Thomas n° 18 dans le service de M. le professeur Proust, suppléé par M. le docteur Barié, à l'Hôtel-Dieu.

Ses antécédents héréditaires sont bons. Il a eu trois frères qui sont morts; le premier à 29 ans; le malade dit que ce frère est resté malade environ huit mois, il était *albuminurique*, rendait de grandes quantités d'urine claire et n'avait que peu d'enflure des jambes. « Il avait, dit le malade, la même maladie que moi. » Le second est mort à 35 ans d'une affection indéterminée; le troisième à 25 ans de phtisie pulmonaire.

Lui-même n'a jamais été malade avant ces derniers temps, il était robuste mais s'essoufflait facilement quand il courait ou qu'il montait les étages, et était pris de violentes palpitations; les exercices de gymnastique lui étaient impossibles. Nous n'avons pu trouver dans ses antécédents aucun commémoratif de maladies infectieuses ni d'intoxication. Malgré son état de chapelier, il n'a jamais manié le nitrate acide de mercure. Il habitait un logement aéré et ne se souvient pas d'avoir séjourné longtemps dans des endroits humides.

Pas de syphilis; pas de blennorrhagies antérieures.

Depuis un an environ, il s'est aperçu qu'il était forcé de se lever plusieurs fois la nuit pour pisser, ses urines étaient devenues claires, pâles et abondantes. Depuis six mois il est incommodé de vomissements et de maux de tête fréquents.

Quelques épistaxis; à plusieurs reprises il a eu la *sensation du doigt mort* au médius droit. Depuis quinze jours, il s'aperçoit que ses jambes sont enflées le soir. Il a maigri et pâli ; il entre pour une faiblesse générale et pour son œdème des jambes.

Etat actuel. — Malade pâle ; taille au-dessus de la moyenne ; bien musclé. Visage imberbe ; absence complète de poils aux aisselles, sur le corps et sur les membres, peu de poils au pubis. Verge petite, Microrchidie très prononcée. Léger œdème des jambes. Bruit de galop diastolique gauche extrêmement net. Pas de souffle au cœur ni dans les vaisseaux. Rien à l'examen clinique des autres viscères.

Appétit et sommeil bons. Selles régulières.

Urines :	Couleur.	petit lait II. Vog.
	Densité.	1010
	Quantité	2 litres
	Albumine	3 gr. 20 par litre
	Urohématine	en quantité notable.

Le malade accuse en ce moment des maux de tête presque continuels ; céphalie gravative, surtout frontale, plus accentuée la nuit.

29 septembre. — Ce matin, vomissement verdâtre peu abondant qui s'est reproduit 3 fois la veille.

Urine toujours abondante. Albumine 6 grammes.

Cette albumine est presque uniquement de la sérine. La recherche de la globuline et des peptones ne donne pas de résultats. *Au microscope,* rares cylindres hyalins, débris granuleux de leucocytes et d'epithélium ; pas de globules rouges.

La numération globulaire donne le chiffre d'environ 3 millions 200 mille.

Pas de changement appréciable les jours suivants.

Le 14 octobre au matin, il est pris d'un frisson et de fièvre et succombe à une pneumonie dès le quatrième jour (1).

Autopsie. — Indépendamment des lésions de l'infection pneumonique, on ne trouve d'altérations que dans les reins et le système vasculaire.

Reins, petits, indurés, granuleux.

Le rein droit pèse — 70 grammes

« gauche » 75 id.

Très petits kystes disséminés à la surface. Substance corticale

(1) Une partie de cette observation a été publiée par nous dans la thèse récente de Dassieu sur l'infection pneumonique. Il existait, en effet, une péricardite aiguë et une otite à pneumocoques.

grisâtre extrêmement atrophiée (2 mill.) Pyramides légèrement rétractées. Bassinets et calices dilatés.

Uretères et vessie d'aspect normal.

L'artère rénale est saine, ses parois sont très minces, elle est extrêmement exiguë.

Aorte. Type d'aortis chlorotica, stéatose en stries linéaires limitée à l'épaisseur de la tunique interne. Orifice aortique : 52 mill. de circonférence. Périmètre de l'aorte au niveau des rénales : 34 mill.

Cœur. Hypertrophie moyenne portant uniquement sur le ventricule gauche. Muscle sain — Valvules normales — pas de malformation cardiaque. Artère pulmonaire large.

Au point de vue histologique, les lésions de l'aorte et des reins répondaient point pour point aux altérations que nous avons décrites précédemment. Toutefois le caractère élasticogène de la sclérose rénale était beaucoup plus marqué.

OBSERVATION IV.

(Personnelle.)

NÉPHRITE INTERSTITIELLE LIÉE A L'ANGUSTIE ARTÉRIELLE CHEZ UNE JEUNE FEMME.

Nous ne possédons pas l'observation clinique de cette femme dont les pièces nous ont été apportées à l'hôpital par M. Lancereaux. Nous n'avons eu à notre disposition que l'aorte, les reins, les uretères et la vessie. Le cœur était hypertrophié. Les autres organes sains — la malade avait succombé à l'urémie.

Les reins nous ayant été apportés dans l'alcool, il nous a été impossible de mesurer leurs dimensions exactes ; leur volume après séjour dans le liquide conservateur était à peu près celui d'une noix. A la coupe les deux substances étaient indistinctes, on voyait quelques petits kystes miliaires dans la partie périphérique de l'organe. Les papilles étaient rétractées et remplacées par autant de petits golfes résultant de l'agrandissement des calices comme il est d'habitude de l'observer au second degré des néphrites conjonctives ascendantes dues à un obstacle siégeant sur l'appareil excréteur. Les parois du bassinet étaient saines, mais ce réservoir était notablement élargi. Les uretères et la vessie avaient conservé leurs dimensions normales.

L'aorte était sillonnée dans toute sa portion thoracique et surtout abdominale de stries saillantes et jaunâtres disposées en traînées longitudinales dans le sens du vaisseau et s'anastomosant suffisamment pour donner à la surface interne de l'artère un aspect réticulé. Ces stries de stéatose ne paraissent pas s'étendre en profondeur au delà de la tunique interne. Les parois de l'aorte sont minces, délicates, leur élasticité semble augmentée.

L'aorte, à son origine, mesurait 42 millimètres de circonférence, à 3 cent. environ de l'orifice aortique, ce qui permet de fixer pour cet orifice la dimension maxima de 48 mill. de tour. Au niveau de la portion thoracique, la circonférence artérielle était de 35 mill. et de 31 mill. au niveau des artères rénales.

L'*Examen histologique* des reins et de la paroi aortique reproduisait les altérations communes aux trois observations précédentes, sans particularités très marquées pour ce cas spécial.

OBSERVATION V.

(LANCEREAUX. — Loc. cit.)

Femme, 37 ans, couturière.

Reins petits et granuleux. Substance corticale atrophiée; tissu conjonctif épaissi ; épithélium granuleux.

Hypertrophie du cœur. Système artériel simplement rétréci.

Œdème des poumons.

Anasarque ultime; dyspnée qui conduit à diagnostiquer une affection cardiaque. Albuminurie.

OBSERVATION VI.

(LANCEREAUX. — Loc. cit.)

Homme, 35 ans, tailleur.

Reins petits, indurés et granuleux.

Substance corticale atrophiée.

Tissu conjonctif épaissi.

Hypertrophie du cœur. Aorte relativement étroite dans toute son étendue.

Sclérose des sommets des poumons et dilatation bronchique, œdème des poumons. Œdème généralisé.

Mort rapide avec phénomè es asphyxiques.

Albuminurie.

OBSERVATION VII.

(LANCEREAUX. — Loc. cit.)

Femme, 32 ans, domestique.

Les deux reins sont diminués de volume et parsemés de granulations irrégulières. L'atrophie porte spécialement sur la substance corticale dont la capsule fibreuse se détache néanmoins sans difficulté.

Hypertrophie avec allongement du cœur gauche. Intégrité de l'aorte dont les dimensions sont relativement petites. Artères cérébrales saines en apparence.

Foyer hémorrhagique dans l'hémisphère gauche du cerveau. Adhérence des poumons. Emphysème et œdème de ces mêmes organes. Induration et diminution de volume du pancréas. Pointillé hémorrhagique de la rétine. Teinte ardoisée de la muqueuse stomacale.

Léger œdème des membres inférieurs. Urines albumineuses. Palpitations énergiques quatre jours avant la mort. Hémiplégie droite et aphasie, deux jours plus tard, épistaxis qui nécessite le tamponnement. En dernier lieu ulcération de la cornée droite.

OBSERVATION VIII.

(Lancereaux. — Loc. cit.)

Femme, 28 ans, couturière.

Les reins sont petits, indurés, élastiques, parsemés à leur surface de fines granulations qui rappellent celles du maroquin.

Ils pèsent 120 grammes. L'un 59 grammes, l'autre 61. La capsule adhère à la substance corticale d'aspect rosé, et d'une épaisseur de 1 millimètre.

Hypertrophie du cœur gauche (1 cent. 1/2 d'épaisseur). Valvule normale et suffisante. Aorte partout petite, d'un diamètre de 14 millimètres ; d'une circonférence de 4 cent. 1/2 à la région dorsale.

Intégrité des artères rénales et des artères cérébrales.

Œdème pulmonaire sans épanchement pleural.

Pancréas induré et gras.

Rate et *foie* normaux.

Vessie rétractée et épaissie.

Muqueuse stomacale plissée, épaissie et ardoisée. Même altération de la dernière portion du *gros intestin*.

Articulations des genoux et des orteils saines ; muscles très rouges.

Anasarque et bouffissure de la face peu prononcée et de date récente. Dyspnée allant jusqu'à l'orthopnée. Albuminurie.

Mort dans ces conditions.

OBSERVATION IX.

(Bartels. — P. 129.)

NÉPHRITE INTERSTITIELLE CHEZ UNE JEUNE FILLE DE 22 ANS. — ANGUSTIE ARTÉRIELLE.

Caroline Lassen, de Kiel, domestique, âgée de 22 ans, entre à la clinique médicale le 5 juillet 1871. Elle avait continué ses occupations jusque dans ces derniers temps, mais elle était souffrante depuis longtemps; quelques jours avant son entrée à l'hôpital, des vomissements de sang violents la forcèrent à se coucher. La malade ne put pas nous donner d'autres renseignements.

Etat de la malade. — Pâleur remarquable de la face et de toute la peau. Œdème modéré du visage, du tronc et des extrémités supérieures, gonflement plus considérable des extrémités inférieures. Pas d'ascite. La malade a de l'obtusion des idées, elle est maussade et répond par monosyllabes; elle se plaint seulement de douleurs de tête et d'un sentiment de pression à la région stomacale. Haleine excessivement fétide. Augmentation de la matité précordiale. Bruit de frottement péricardique très intense. Rien aux poumons. Urine pâle un peu louche, faiblement alcaline, poids spécifique 1007, fortement albumineuse.

Les jours suivants la malade, qui ne voulait prendre absolument que quelques boissons, vomit à plusieurs reprises. Les matières vomies, qui ne contenaient qu'une petite quantité de sang, étaient alcalines, mais ne sentaient pas l'ammoniaque. L'œdème diminua et la malade parut être moins apathique ; mais peu après elle retomba dans sa torpeur. — Le 9, vomissements fréquents. L'haleine et les matières vomies répandent une odeur infecte et pénétrante ; mais on ne peut y trouver d'ammoniaque. La malade se plaint de mal de tête. Elle boit beaucoup d'eau, mais rien sans cela. — Le 17, à 7 heures du matin, violente attaque de convulsions épileptiformes. Saignée de 150 grammes. La malade se remet assez pour pouvoir boire une assez grande quantité d'eau ; à midi, deuxième attaque convulsive, pendant laquelle on pratique une seconde saignée, et où la malade mourut.

Pendant les six jours, durant lesquels on put observer cette malade, elle élimina en tout 4.900 cent. cubes d'urine, donc, par jour, en moyenne 816 cent. cubes 66. Le poids spécifique de l'urine éliminée pendant les cinq premiers jours était de 1010, celui de l'urine du sixième de 1011. L'urine fut toujours alcaline. Le sédiment ne contenait que quelques rares cylindres hyalins. On détermina les quantités d'urée et d'albumine pour l'urine de trois jours seulement. les urines (comprenant celle du dernier jour avec 1011 de poids spécifique) avaient un volume de 2330 cent. cubes, elles contenaient ensemble 24 gr. 271 d'urée et 7 gr. 259 d'albumine. Comme le poids spécifique de l'urine resta le même pendant tout le temps que la malade resta en observation, il paraît hors de doute que les jours où l'urine ne fut pas examinée, la quantité d'urine était la même. Donc en six jours, la malade aurait éliminé 51 gr. 05 d'urée, ce qui fait 8 gr. 50 par jour.

Le sang tiré de la veine avant la mort fournit un caillot peu dense ; le sérum était lactescent ; son poids spécifique déterminé avec le pyknomètre = 1021. Il contenait 88,77 d'eau ; 100 cent. cubes de sang furent traités par l'alcool, puis l'on évapora ; le résidu fut repris par l'alcool, évaporé et le résidu épuisé par l'eau additionnée d'acide nitrique. On obtint 1 gr. 6 d'azotate d'urée, ce qui correspond à 0,8 pour 0/0 d'urée, en ne tenant pas compte des pertes inévitables pendant ces diverses opérations.

Les 80 cent. cubes de sang qu'on obtint dans la seconde saignée, furent traités de la même façon ; mais après avoir épuisé le résidu par l'eau, on filtra : l'on ajouta à la portion filtrée de la solution de baryte, et, suivant la méthode de Liebig, on détermina la quantité d'urée avec une solution titrée de nitrate de mercure. On obtint 1,42 pour 0/0 d'urée.

J'extrais les particularités suivantes de la relation que Cohnheim a faite de l'autopsie de ce cas : — Léger œdème des extrémités inférieures. — Voute du crâne en forme d'ovale allongé, mince, légère. Sutures bien conservées. Sinus longitudinal presque vide. Dure-mère ayant son épaisseur normale et un bon aspect. Sang liquide dans le sinus longitudinal inférieur. Pie-mère légèrement opaque sur toute l'étendue de la convexité du cerveau, assez délicate cependant et pâle. Sur les deux hémisphères et sur les parties latérales où la convexité se réunit à la base du cerveau, la pie-mère contient quelques extravasats de la grandeur d'une lentille qui n'empiètent pas sur le cerveau. Les cavités du cerveau ont leur volume normal. Ependyme délicate, substance cérébrale présentant partout une bonne consistance, un peu humide sur la surface de section ; les deux substances sont manifestement anémiques. Il n'y a aucun foyer pathologique. L'anémie est la même dans le cerveau et le cervelet, dans les ganglions, le pont de varole et la moëlle allongée. Le sang qui se trouve dans les vaisseaux les plus larges de la pie-mère est manifestement aqueux et rouge-pâle. — *Le péricarde contient environ trois onces d'un liquide mélangé de* flocons fibrineux. Les deux parois du péricarde sont tapissées d'un exsudat fibrineux mou, tout à fait transparent, incolore et villeux. Le cœur est un peu plus grand suivant son diamètre longitudinal. Le ventricule gauche est très dur. Les deux ventricules contiennent de petits caillots mous et couenneux. Des deux côtés les valvules sont délicates. Le muscle cardiaque est pâle, à droite, les parois du cœur mesurent 0 cent. 4, à gauche 1 cent. 6. Le ventricule gauche est modérément dilaté. A gauche, les muscles papillaires sont épaissis et arrondis.

L'aorte est étroite et délicate. — Les deux reins sont considérablement diminués de volume. Le rein gauche mesure 10 cent. de long et 4 cent. de large ; le rein droit 8 cent de long et 3 cent. de large seulement. Les deux reins sont moins épais qu'à l'état normal. La capsule se détache avec quelque difficulté ; quand elle est enlevée, on trouve la surface des deux reins très inégale ; elle présente des granulations et des éminences de différents volumes séparées par des sillons étroits. Les éminences sont blanches et les sillons rouge-pâle. A la coupe les reins présentent une grande consistance et une pâleur remarquable. Les pyramides de substance médullaire sont rose-pâle, et la substance corticale est très amincie, surtout à droite, où les bords des pyramides arrivent presque jusqu'à la capsule, tandis qu'à gauche la substance corticale a encore de 1 millimètre à 2 millimètres d'épaisseur. La muqueuse du bassinet est pâle. Dans l'estomac et le duodenum, il y a un liquide brun sale. La muqueuse stomacale est légèrement œdematiée, avec une légère teinte ardoisée : elle est lisse, sans ulcération ni cicatrice. La muqueuse des autres parties du tube digestif est lisse. Le contenu de l'intestin grêle est liquide et jaune. Le gros intestin contient des matières fécales dures et brunâtres.

Il existe quelques onces d'un liquide clair et rougeâtre, dans les parties déclives de la cavité abdominale. Je passe les autres faits constatés à l'autopsie, ils n'ont pas grand intérêt ici.

LÉGENDE DE LA PLANCHE.

FIGURE I. — Néphrite interstitielle liée à l'aplasie artérielle. (Jeune homme de 20 ans).

Hyalo-fibrose artérielle et gloméculaire. Dilatation kystique et atrophie des tubuli.

FIGURE II. — Néphrite interstitielle liée à l'aplasie artérielle. (Jeune fille de 18 ans).

Zone des tubes conservés, sclérose adulte à prédominance périvasculaire.

www.ingramcontent.com/pod-product-compliance
Lightning Source LLC
LaVergne TN
LVHW011957160826
845678LV00002B/590

9782329685229